家居配色 好创意

500 good ideas of color matching

500

理想·宅 编

化学工业出版社

·北京·

编写人员名单：（排名不分先后）

叶 萍	黄 肖	邓毅丰	张 娟	邓丽娜	杨 柳	张 蕾	刘团团	卫白鸽	郭 宇
王广洋	王力宇	梁 越	李小丽	王 军	李子奇	于兆山	蔡志宏	刘彦萍	张志贵
刘 杰	李四磊	孙银青	肖冠军	安 平	马禾午	谢永亮	李 广	李 峰	余素云
周 彦	赵莉娟	潘振伟	王效孟	赵芳节	王 庶				

图书在版编目(CIP)数据

家居配色好创意500 / 理想·宅编. —北京：化学
工业出版社，2015.5
ISBN 978-7-122-23419-3

Ⅰ．①家… Ⅱ．①理… Ⅲ．①住宅-室内装饰设计-
配色-图集 Ⅳ．①TU241-64

中国版本图书馆CIP数据核字（2015）第058250号

责任编辑：王斌 邹宁　　　　　　　装帧设计：骁毅文化

出版发行：化学工业出版社(北京市东城区青年湖南街13号 邮政编码100011)
印　装：北京盛通印刷股份有限公司
710mm×1000mm 1/12 印张11 字数250千字 2015年5月北京第1版第1次印刷

购书咨询：010-64518888 (传真：010-64519686)　售后服务：010-64518899
网　　址：http://www.cip.com.cn
凡购买本书，如有缺损质量问题，本社销售中心负责调换。

定　　价：45.00元　　　　　　　　　　　　　版权所有　违者必究

目录
CONTENTS

目录
CONTENTS

红橙黄暖色
热烈的家居

　　像橙、黄、红这些看起来比较温暖的色彩，即为暖色调，在家居中巧妙地运用暖色调可以为居者创造一个比较适合居住的环境。一方面，它增强了家的温暖感和归属感；另一方面，在色彩浓淡的变化之间还能营造出更多的表情。热情、鲜明的画面感，强烈的艺术韵味，这都是浓墨重彩的暖色调在温暖之外提供的附加感受。

用红色系有层次地装点家居

红色代表着吉祥、喜气、热情的意蕴，因此在家庭的装修中十分受青睐。在家居设计中，需要先确定红色的基本调子，即无论是温情浪漫的玫瑰红，还是热闹而喜庆的大红，都要有明确的定位。同时，红色系的运用，并不意味着空间色彩只能使用一种色系，在布置的过程中，除了保证大面积的红色主调不变，色彩的明暗、清浊变换也很有必要。

1.不同红色系的搭配使用，丰富了空间的层次感。

2.玫红色为空间带来浪漫的感觉，点缀其间的同色系软装也在无声中吻合着居室的格调。

3.明亮的红色令居室显得喜气洋洋，而白色系的搭配使用，令居室的饱和度不会过强。

1.用红色表现主体气氛，将其放在沙发墙上，占据视线中心点。

2.玫红色的墙面很好地衬托了碎花沙发布艺沙发，令整个客厅空间更加娇媚。

3.玫红色的沙发背景墙，令空间彰显出女性优美的气质。

4.红色烤漆玻璃的电视背景墙，不仅为居室带来喜庆的氛围，也提升了空间的亮度。

1.红色的墙面令家中充满了个性、时尚的氛围，同时彰显出主人热情的性格特征。

2.红色墙面与棕色的格栅屏风相搭配，令居室的复古气息更加浓郁。

3.玫红色的地毯将居室氛围营造得异常时尚，体现出女性特有的美感。

4.仿砖纹的红色墙面与黑色沙发上的红色繁花相互辉映，令家居环境呈现出丰富而唯美的容颜。

5.红色的涂料墙面搭配深沉的沙发，为客厅空间营造出了一种既热烈又稳重的氛围。

1.红色系的窗帘、红色的花纹壁纸、红色的床品，令卧室呈现出一派喜庆的气象。

2.卧室中的红色运用得非常广泛，无论是墙面，还是床品，抑或是窗帘上点缀的红色，无不体现出居室的热烈情怀。

3.玫红色的墙面将女儿房营造得非常唯美、时尚。

4.红色的床品与空间的整体色彩相协调，令居室呈现出浪漫、喜庆的基调。

1.卧室墙面用粉色与红色相搭配，呈现出既唯美，又浪漫的氛围，红色的床品则无声地迎合了空间的主体基调。

2.大红色的墙面活跃了视线，睡床上的红色抱枕则成为了居室中的点睛之笔。

3.红色的墙面与白色的整体橱柜搭配，令厨房呈现出既时尚、个性，又毫不出格的气质。

4.厨房中的红色马赛克墙面与过道的红色墙面遥相呼应，共同为居室描摹出美丽的容颜。

5.红色的墙面将厨房营造得非常靓丽与时尚。

1.红白相间的卫浴，显得精巧而充满时代感。

2.大面积红色花纹壁纸的运用，令卫浴充满复古而热情的氛围。

3.卫浴中运用红色的墙面装饰，浴缸也采用红色壁砖铺贴，整个空间洋溢着浓郁的喜气。

4.卫浴间整体配色十分简单，用红色做主色，彰显出热情的、具有魅力的女性特点，同时，红色系的渐变则制造出层次感。

1.红色与银色的马赛克壁砖搭配运用,令卫浴间呈现出十足的现代感。

2.红色系的马赛克令卫浴彰显出热情活力,摆脱了常规卫浴空间的冰冷感。

3.红色的墙面增添了居室的复古感,将空间氛围营造得更加浓郁。

4.红色马赛克墙砖与地砖的运用,将空间装点得极具层次,红色座椅则无声地呼应着居室的红色。

1.红色的墙面与蓝色的柜体，共同为过道带来绚丽的容颜。

2.居室中大面积的红色运用，将空间营造得非常喜庆。

3.红色壁砖铺贴成的洗手台将居室的唯美气质打造得淋漓尽致。

4.低明度的红色降低了热烈感，令书房空间显得华丽。

利用小范围的红色凸显居室喜庆气氛

红色在家居中使用可以让整个家庭氛围变得温暖，中国人也总认为红色是吉祥色，但居室内红色过多会让眼睛负担过重，产生头晕目眩的感觉。建议选择红色在软装饰上使用，比如窗帘、床品、靠包等，而用淡淡的米色或清新的白色搭配，可以使人神清气爽，更能突出红色的喜庆气氛。

1.红色的沙发与红色地毯共同为居室营造出喜庆的氛围。

2.玫红色且布满金色碎花的窗帘将客厅营造得个性十足，且充满韵味。

3.红色的沙发与复古的褐色边柜相呼应，令居室更具视觉上的层次感。

4.客厅中软装基本都采用了褐色系，整个空间呈现出既时尚，又女性化十足的氛围。

1.玫红色的窗帘与沙发将居室的女性化特征渲染得淋漓尽致，玫红色的酒杯与花瓶更是在细节处体现着居室的精致。

2.玫红色的沙发点亮了居室的氛围，令空间彰显出时尚况味。

3.饱和的玫红色沙发提供了温暖的色调，营造出居室温馨的气氛。

4.玫红色的窗帘与沙发靠垫相配，将土黄色的沙发衬托得分外娇嫩。

1.红色的坐椅搭配其他同色系布艺点缀在这素净的客厅中，为客厅营造出了热情强烈的空间感。

2.客厅中的装饰用品，如靠垫、沙发、壁画都为红色系，让整个空间既散发出成熟女性般的优雅，又流露出小女人般的浪漫情怀。

3.红色波点的靠垫将纯白沙发衬托得更加纯净，非常适合小清新的客厅空间。

4.客厅的沙发选择了红色这种对视觉冲击较大的色彩，能稳定空间氛围，添加温暖感。

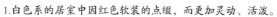

1.白色系的居室中因红色软装的点缀，而更加灵动、活泼。

2.红色的地毯将空间氛围营造得非常具有魅力，此外，红色的躺椅与装饰柱也在细节处迎合着空间的基调。

3.客厅空间整体色调偏浅淡，添加一组艳粉色的沙发，既丰富了空间表情，又增加了空间质感。

4.浓艳的红色沙发，再搭配上新古典家具风格，使客厅空间更有诱惑力。

1.卧室床品选择热烈的红色毛毯作为点缀,弱化了空间的冰冷感,传递出主人对生活的激情。

2.暗红色的地毯与床品色调统一,为卧室营造出了很好的空间氛围。

3.卧室床品及窗帘都选择了玫红色,为居室增添了不少柔美气息。

4.卧室利用小面积的红色墙面与床品,为居室带来视觉上的变化。

1.整体白色的厨房空间，因为一抹红色壁砖的运用而呈现出更加丰富的视觉效果。

2.空间中最引人注目的就是那一抹热烈的红色，令整个厨房的表情即刻生动起来。

3.桃红色的墙面有效地提亮了厨房空间的色彩度。

4.桃红色系的厨房充满了浓郁的浪漫主义情怀，彰显出主人对生活的热爱。

1.鲜艳的红色系令厨房显得非常活泼而生动，小吧台上红色系的茶具低调地迎合着整体空间的情调。

2.红色系的厨房充满活力，从侧面彰显出女主人热情好客的性格。

3.红色系的厨房充满现代感，也为家中注入了活力。

4.空间中运用小范围的红色来装饰白色系的家居，令室内色彩更为丰富。

1.书柜简约的造型搭配上热情的红色，为原本暗淡的书房空间带来了更多的活力。

2.花瓣点缀的玫瑰色洁具充满了浪漫情调，与卫浴中其他家具相搭配，共同打造出了一个温暖甜美的空间。

3.酒红色的玻璃作为玄关与厨房的隔断，非常醒目又很有创意，展现了主人活力四射的生活品位。

4.红色的椅子为原本有些平淡的空间带来一丝活力。

5.红色的地毯与浴帘将卫浴点缀得非常时尚、精致。

粉色系给居室带来浪漫与时尚

粉色作为红色系的分支，虽然没有红色浓烈，但却代表着浪漫与时尚。从淡粉色到橙粉红色，再到深粉色等，无不体现出女性细腻而温情的个性。从精神上而言，粉色可以使激动的情绪稳定下来；从生理上而言，粉色可以使紧张的肌肉松弛下来。因此，住在粉色装饰的房间中，有助于缓解精神压力，促进人的身心健康。

1.玫粉色与黄绿色的条纹窗帘在色调上与沙发相协调，将整个空间打造得分外清新甜美。

2.粉色花朵图案的壁纸装饰在客厅的沙发背景墙，与黑色电视背景墙形成对比，令个性与甜美在同一空间中绽放。

3.粉色碎花的三人沙发套简洁舒适，与淡黄色电视背景墙相搭配，令客厅散发着清新的气质。

4.粉色的沙发及坐椅，与碎花的壁纸搭配，充分表达出了家居的复古气质。同时，又为空间增添了浪漫氛围。

1.卧室中的粉色床品让人仿佛置身于童话世界中，把卧室空间打造得富有浪漫气息。

2.床头粉色的装饰纱帘与窗帘相搭配，将卧室打造成了充满女性柔美感的空间。

3.粉色碎花壁纸搭配白色的床具，演绎出一派纯美恬静的空间感觉。

4.香艳的玫粉色让床品层次分明，与奶白色的床具搭配显得温馨甜蜜，柔和了卧室氛围。

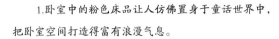

1.层次分明的床具色调、别具匠心的卧室背景墙面以及与卧室整体色调相吻合的粉红色装饰品，无不在调节着卧室的气氛，让香艳妩媚低调蔓延。

2.粉红色为主色，营造温柔、娇美的女性氛围，墙面以灰色和白色相间，增添了高雅感。

3.粉色的地毯放置在这个卧室中，可以说是锦上添花，为空间增添了少女的甜美气息。

4.以粉色为背景色，营造具有女孩特点的天真、梦幻的基调，搭配白色做主角色，显得朦胧、甜美。

5.粉色的卧室中搭配粉色的床品可谓是锦上添花，令空间更加甜美。

1.不同的粉色给人不同的感觉，浅粉色略带纯真，给人舒适感，而接近纯色的粉色感觉妩媚，将两者结合使用，表现出多层次感的、女性化的卫浴空间。

2.大面积的粉色未免让人觉得单调，因此将两种纯度的粉色与米黄色相间，拼接成条纹的形式，既具有妩媚感，又具有节奏感，避免呆板。

3.经过调和的粉色系降低了卫浴的燥热感，令空间显得更加舒适。

4.粉色的墙面为吧台小空间带来了视觉上的跳跃感。

5.厨房墙面板材选择了很耐看的浅胭脂红，衬托出橱柜的风采。

黄色最好与其他颜色搭配用于家居装饰

黄色能给人以高贵、娇媚的印象，古代帝王的服饰和宫殿常用此色。在家居环境中，运用黄色可以刺激精神系统和消化系统，还可使人们感到光明和喜悦，有助于提高逻辑思维的能力。但需要注意的是，家居环境中并不适合大面积使用黄色，因为容易出现不稳定感，引起行为上的任意性。因此，黄色最好与其他颜色搭配用于家居装饰。

1.黄色系的客厅空间呈现出异常温暖的氛围。

2.空间中大面积黄色的运用，令居室显得异常温馨。

3.黄色的沙发背景墙与和暖的灯光，共同为居室营造出温馨的空间氛围。

1.黄色系的沙发背景墙为居室奠定了温暖的基调。

2.客厅因为黄色系的广泛运用，而呈现出暖意洋洋的氛围。

3.浓、暗色调的暖色调构成空间的主要部分，塑造出温暖、轻松的整体氛围。

4.以黄色系为主，搭配米色及咖色，形成类似型配色，塑造出稳定的温暖感，让人觉得安心、舒适。

1.婚房中运用黄色乳胶漆涂刷墙面，令空间的温暖气息骤升。

2.暖黄色的墙面将居室氛围营造得异常温馨。

3.暖黄色系的家居空间，置身其中可以体验到无尽的温馨感。

4.黄色枫叶造型的壁纸为客厅空间带来灵动与活泼，简洁的空间层次让人倍感舒适。

1.卧室的床头背景墙设置了光带，衬托着黄色的碎花壁纸，令居室更加柔美浪漫。

2.暖黄色的卧室，置身其中倍感温馨、舒适。

3.暖黄色的温暖灯光与黄色系的壁纸相呼应，令卧室空间充满了和谐温馨的气氛。

4.卧室中的黄色壁纸没有太多修饰，但在不经意中为居室带来了别样的浪漫。

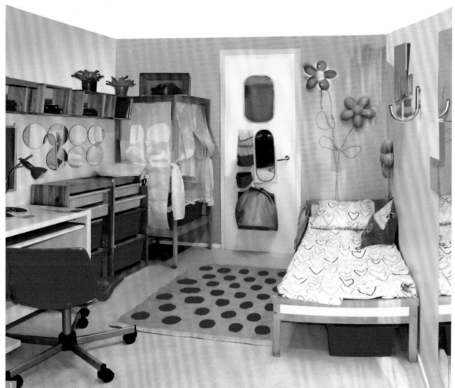

1.儿童房中运用黄色系来装点墙面，既体现出阳光般的暖意，又令居室显得具有活力。

2.黄色系的儿童房体现出如阳光般的和煦氛围。

3.暖黄色将儿童房营造得暖意洋洋，搭配绿色的窗帘，令居室洋溢出春天般的气息。

4.鹅黄色体现出的柔软、温润感非常适合婴儿房。

1.书房空间中深茶色的地毯搭配黄色的墙面令空间显得宽敞，又不会有头重脚轻的效果。

2.卫浴镜柜下面的光带，在黄色瓷砖墙的衬托下，散发着浓浓的暖意。

3.卫浴中选择了鹅黄色的瓷砖，避免了空间的过分单调，令人时时都能保持好心情。

4.自然、明艳的黄色涂料墙，仿佛将阳光带入了家中。

橙色系在家居环境中运用的法则

橙色是生气勃勃、充满活力的颜色，也是收获的季节里特有的色彩，因此在家居环境中得到了广泛的应用。如将橙色用在客厅会营造欢快的气氛，用其装点餐厅，可以诱发食欲。另外，将橙色和巧克力色或米黄色搭配在一起也很舒畅。但是橙色却并不适用于卧室，因为这种色彩不容易使人安静下来，因此不利于睡眠。

1.客厅以橙色和黄色系为基调，营造出开朗、阳光的气氛，依靠多样化的装饰来进一步塑造活跃感。

2.空间的一侧墙面为橙色，沙发上运用了若干橙色抱枕作为呼应，完美地营造出了空间的整体感。

3.橙色系的空间彰显出勃勃的生机，令空间氛围显得欢快。

1.橙色的沙发毯与窗帘将客厅营造得非常具有活力。

2.橙色的沙发与暖黄色的空间色彩搭配得恰到好处，整个客厅呈现出温暖的质感。

3.客厅中橙色的沙发虽然造型简洁，但却能给人带来舒适温暖感。

4.橙色的沙发非常抢眼，不需要过多的装饰，就能让空间焕发出勃勃生机。

1.橙色系的卧室呈现出热带风情，令居室充满异域氛围。

2.橙色系的卧室呈现出暖意无限的氛围，置身其中非常舒适。

3.居室中的靠垫与椅子都是活力的橙黄色，不仅为居室增添了光彩，也使卧室更加层次分明。

4.橙色系的半墙，在灯光的衬托下越发地轻柔浪漫，令原本单调的家具及装饰都变得富有生气。

1.橙色系的卫浴呈现出暖意无限的氛围，令家中的小空间也充斥着魅力。

2.橙色的墙面将卫浴小空间装点得非常具有活力，且温馨感十足。

3.橙色的吊顶与墙面瓷砖相协调，为厨房空间打造出温暖的氛围。

4.橙色的整体橱柜很好地营造出了厨房所需要的清透、整洁之感。

利用橙黄红色系营造增加食欲的餐厅

色彩能够影响人的情感和食欲，因此，作为美食的承载地——餐厅的色彩选择就显得尤为重要。通常来说，具有热烈感的色彩能够起到促进食欲的作用。例如高纯度或接近纯色的橙色、黄色和红色，这类暖色具有强烈的刺激感和欢快感，能够鼓励人进食。

1. 红色花卉的墙面与绿色桌布形成对比，为这个空间带来了强烈的视觉冲击，令人心旷神怡。

2. 粉色与白色打造出的吧台用餐小空间呈现出浪漫气息，大花的粉红色座椅套更是令空间显得活泼。

3. 餐厅的墙面背景色中加入了红色，具有热烈的、艳丽的氛围，能够促进食欲。

4. 红色系的餐厅墙面令用餐空间非常具有活力，可爱的装饰物也令空间显得童趣十足。

1.橙色的餐厅墙面非常具有视觉冲击力，在某种程度上可以刺激食欲。

2.明黄色的壁纸简约而又时尚，配上七彩条纹的餐椅，给居室带来了一股清新活泼之风，活力个性。

3.具有一定灰度的黄色做大面积的主色，用在地面、家具和墙面装饰上，给人一种温和的饱满的感觉，搭配上橘红色的墙面，可以起到促进食欲的作用。

4.在橘褐色墙面的映衬下，原本单调的餐厅空间变得富有生气。

　　1.暖黄色的餐厅空间呈现出温馨的氛围，令用餐时间显得轻松而惬意。

　　2.餐厅的色调为淡雅的黄色，氛围和谐统一，再搭配藤制的餐椅，更加凸显出空间的自然气息。

　　3.红格子的餐桌布很有田园感，餐桌上娇艳欲滴的花卉亦将桌布衬托出清爽气质。

　　4.黄色的涂料墙搭配白色的餐边柜，令餐厅的空间氛围生动活泼起来。

　　5.橘色地砖与粉色的涂料墙为餐厅营造出柔和感，仿佛秋日的暖阳温暖人心。

1.餐厨一体的空间里，木质的餐椅搭配暖黄色的涂料墙，令空间洋溢着温馨与浪漫。

2.三种高纯度的艳丽暖色渲染出具有热烈感、活泼感的餐厅氛围，令人兴奋的色彩能够使人愉悦，进而达到促进食欲的作用。

3.橘色系的餐桌椅与餐厅空间的整体氛围和谐统一，充分体现出了主人的品位。

4.温馨的黄色涂料墙面，让餐厅空间充满了浓浓暖意。

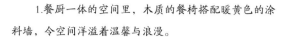

1.作为餐厅最主要的家具，橘色的餐桌椅在很大程度上决定了空间的主色调，使之变为活力四射的用餐空间。

2.将橙色运用于餐厅的地面部分，上面搭配黄色的家具，既能够达到促进食欲的目的，又不会因为过于刺激而产生烦躁感。

3.温暖的黄色系餐厅，令用餐者的食欲大增。

4.黄色系的餐厅空间呈现出春天般的暖意，在此用餐，身心愉悦。

蓝绿紫冷色
平和的家居

蓝、绿、紫这类色彩可以体现出一种平和的情绪，运用于家居设计中，亦可以表达出清新的视觉效果。其中，高明度的蓝、绿色是体现清新感的最佳选择，而加入白色则能凸显清爽的氛围，加入黄绿色，则能体现自然、平和的视觉感。这类配色讲求以冷色色相为主，色彩对比度较低、整体配色以融合感为基础。

用蓝色系为居室带来清新宜人的感觉

蓝色是一种极其冷静的颜色，容易使人联想到碧蓝的大海，进而联想到深沉、远大、悠久、理智和理想等词汇。此外，蓝色运用于家居设计中还能缓解紧张情绪，缓解头痛、发烧、失眠等症状，有利于调整体内平衡，使人感到幽雅、宁静。如果将蓝白两色巧妙转换，或是色彩明暗关系的变化，或是图案完美地交融，这样的配色在炎热的夏天里，会带给人清新宜人的感觉。

1.高明度的米色与蓝色虽为冷暖色，但色调的和谐使整体空间非常融合。

2.蓝色具有典型的男性特征，刚毅、深远、具有力度，用其作为主色可以十分明确地展现出具有男性魅力的客厅氛围。

3.蓝色与白色搭配是最为经典的清爽气息塑造手法，加入了偏冷调的绿色显得更加爽快，并蕴含了平和、自然的感觉。

1.提升了明度的蓝色明亮而柔和，配以白色令客厅更显清新感。

2.以蓝色为客厅配色中心，加入暗沉的褐色和紫灰色以及高亮的白色，通过敏感而强烈的对比，制造出了严谨、理性的氛围。

3.以蓝、白组合为大面积的色彩搭配，塑造出清新、文雅的氛围。

4.用蓝色为主色塑造的浪漫客厅空间，因蓝色的纯度及明度变化，整体统一中富有层次变化。

1.蓝、白色的组合方式塑造了一个清爽、洁净的餐厅空间,加入暖色和中性色进行点缀,使整体更为融洽。

2.天蓝色给人清爽而透彻的感觉,就像晴朗的蓝天,使人心旷神怡。

3.用淡雅的蓝色塑造一个清新的主色调,而后用黄色和棕色做点缀,避免餐厅氛围过于冷硬。

4.用柔和的乳白色搭配高纯度的蓝色,可以降低蓝色的冷硬感。

1.用深蓝色搭配在黑色的餐桌上，具有小幅度的层次感，避免过于呆板。

2.蓝灰色具有绅士感，给人一种高雅的、具有内涵的印象。

3.餐厅中无论是蓝色的墙面，还是蓝色的软装，无不令居室呈现出清新的气息。

4.在白色系的餐厅中加入蓝色，令空间更显干净、清洁。

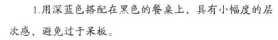

1.蓝灰色兼具了蓝色和灰色的特性，令卧室冷峻而理智，具有高档感。

2.蓝色作为卧室的重要存在，成为居室的点睛之笔。

3.蓝色做背景色可以使空间绯闻迅速沉静下来，并且有一种蓝天白云的户外清新感。

4.蓝色作为副色与白色搭配，营造出海边蓝色的海水和白云的感觉，十分清新。

5.浓、淡色调的蓝色搭配大面积的白色，营造出清新、舒适的整体色彩印象，搭配上暗色调暖色的地面，融入沉稳感。

1.两种明度的蓝色搭配起来，穿插使用，并少量加入了浅茶色，以统一色彩印象中的细微区别，制造出了明快感。

2.淡雅的天蓝色与白色搭配具有干净、清透的感觉，为了避免层次过于单调，加入了深一些的两种蓝色做点缀，使层次更丰富。

3.高纯度的蓝色有些过于浓郁，因此墙面三分之二的部分加入了米灰色与蓝色搭配，减轻冷峻感，使色彩印象表现出清凉的氛围。

4.淡雅的天蓝色用于卫浴顶面和墙面的上部分，具有动感，避免了空间单调。

运用蓝白色系来打造地中海风格的居室

　　蓝色加白色的色彩搭配在地中海风格装修中比较常见。设计灵感来自西班牙、摩洛哥海岸延伸到地中海的东岸希腊的建筑风格。白色村庄与沙滩和碧海、蓝天连成一片，甚至门框、窗户、椅面都是蓝与白的配色，加上混着贝壳、细沙的墙面、小鹅卵石地、拼贴马赛克、金银铁的金属器皿，将蓝与白不同程度的对比与组合发挥到极致。

　　1.蓝白相间的沙发为地中海风格的家居注入了清新的气息。

　　2.大面积的蓝色手绘墙将人带入了属于地中海的浪漫氛围之中。

　　3.蓝色的窗帘与蓝白相间的沙发交相辉映，共同为居室带来浓郁的地中海气息。

　　4.蓝色的地中海拱形窗为电视墙带来了与众不同的视觉感受。

1.大面积蓝色的运用为客厅带来犹如大海般的清新气息。

2.蓝色系的客厅中搭配海洋装饰物，淋漓尽致地展现出居室的地中海气息。

3.简洁的客厅拥有着地中海风格中最常用的色调，清雅的蓝白色仿佛为居室带来海风的清爽气息，而帆船装饰与随处搁置的绿植，则令居室中地中海的风情更加浓郁。

4.客厅整体偏向于地中海风格，带给人清新宜人的感觉；沙发背景墙的设计很有特色，给人以宁静的感觉，搭配浅蓝色的沙发靠垫，更是将空间氛围渲染得淋漓尽致。

1.干净的蓝色点缀着白色空间，令家居仿佛吹来一股海洋风。

2.蓝色为主调的卧室空间中，洋溢着海洋般的清新气息。

3.蓝白相间条纹搭配碎花图案，这样的设计运用于卧室的窗帘和床品中，唯美而富有个性。

4.餐厅中蓝色系的广泛运用，令家居环境彰显出干净、清新的容颜。

1.大面积的蓝色调为家居环境带来了清新的氛围。

2.不同明度的蓝色系马赛克的运用为卫浴空间带来了跳跃的视觉效果。

3.大面积的蓝色墙面奠定了地中海清新的格调，黄色等点缀色则令空间表情更加丰富。

4.蓝白相间的马赛克瓷砖活跃了观者的视线，精致的海星装饰物更为家居环境注入了浓郁的地中海气息。

5.蓝色在家居中的巧妙运用，将地中海风格塑造得十分精确。

用绿色系营造出森味儿十足的家居

绿色与自然紧密相关，置身于绿色系的房间之中可以令人感觉清新而惬意。同时，绿色也是一个非常灵活的色彩，它可以在色盘的黄绿色端显得很"温暖"，又可以在蓝绿和碧绿方向显得有些"冷"。一个柠檬绿可以让一个设计很"潮"，橄榄绿则更显平和，而淡绿色可以给人一种清爽的春天的感觉。这些变化无端的绿，可以令居室显得森味儿十足。

1.绿色的沙发与抱枕，和地面与墙面的黄绿色瓷砖，共同为居室营造出绿意盎然的居家氛围。

2.带有一些灰度的绿色是树木及草地的颜色，体现自然美。

3.以淡雅的浅绿色为背景色，奠定了舒适、悠然的整体基调。

4.客厅中的绿色沙发为居室带来了勃勃生机。

1.绿色系的厨餐厅令空间呈现出生机与活力。

2.深浅不一的绿色方格桌布与绿色系的马赛克瓷砖搭配得相得益彰，活跃了空间的视线。

3.用各种明度的绿色做点缀，进一步强化居室的田园气息。

4.用绿色搭配浅棕色做背景色，具有树木和泥土的感觉。

1.淡雅的绿色用在墙面上，用餐厅中最大面积的界面来塑造田园的基调。

2.绿色花纹的壁纸为餐厅带来了春意盎然的气息。

3.以绿色作为大面积的背景色，塑造出了自然风情，搭配桌椅的原木色以及花卉的黄色和红色，源自于自然的色彩，使氛围更为惬意。

1.深绿色的墙面与果绿色的床品形成色彩上的对比，令室内色彩更具层次。

2.柔和的绿色比起淡雅的粉色、紫色等多了宁静感，可以让孩子更快地安静下来。

3.以绿色为主色，搭配温和、高雅的米灰色、焦糖色等，有一种生机勃勃的感觉。

4.绿色属于中性色，属于冷色中的暖色，暖色中的冷色，淡雅的绿色大面积使用给人充满希望、田园般悠闲的氛围。

1.绿色系的厨房带来了清爽的气息，令主妇在此烹饪的时光也变得悠然。

2.森林绿的橱柜令厨房空间散溢出浓浓的森味气息。

3.绿色墙面的运用为厨房带来了生机，也呈现出素洁的容颜。

4.绿色系的厨房空间散发出来自于春天般的勃勃生机。

1.绿色的卫浴空间散发着无尽的活力,给人一种欣欣向荣的视觉感受。

2.多种明度和纯度的绿色,能够在同一色彩印象下塑造丰富的层次感。

3.带有一点绿色的蓝灰色叠加黄绿色用在墙面下部分以及地面上,塑造了具有雅致感的、充满生机的韵味。

4.绿色是卫浴间内明度最低、纯度最高的色彩,用在视觉中心的墙面上,具有强烈的自然气息。

用绿色植物打造富有生机与活力的家居环境

绿色植物色彩丰富艳丽，形态优美，作为室内装饰性陈设，与许多价格昂贵的艺术品相比更富有生机与活力、动感与魅力。含苞欲放的蓓蕾、青翠欲滴的枝叶，给居室融入了大自然的勃勃生机，使本来缺乏变化的居室空间变得更加活泼，充满了清新与柔美的气息。室内绿化不仅能使人赏心悦目，消除疲劳，还能够愉悦情感，影响和改变人们的心态，在优美的绿化氛围中，人们很容易保持平和愉快的心境，减少焦躁与忧虑。

1.居室中的绿植与繁花缭绕的沙发共同为客厅带来了田园般的气息。

2.客厅中摆放了不同种类的绿植，将居室点缀得绿意盎然。

3.鲜花绿植在绿意盎然的居室中更显清新气息。

1.大型绿植为卧室带来了勃勃生机,与整体色系也十分吻合。

2.在卧室中摆放绿植既能美化环境,又能净化空气,可谓一举两得。

3.卧室中的绿植与地毯和床品搭配得恰到好处,共同为居室带来勃勃生机。

4.居室中的小绿植与壁纸上的绿植图案交相辉映,共同为卧室带来清新的氛围。

1.绿色的空间中摆放绿色的植物，令不大的过道产生丰富的视觉效果。

2.卫浴中的绿植起到了净化空气的作用，与居室的整体氛围也十分相符。

3.一整面的植物墙为居室带来了清新的气息，也净化了居室的空气。

4.餐厅的桌面和墙面上都设置了绿植，令用餐空间展现出春意般的盎然。

1.居室的角落处也散发出勃勃生机，各式小绿植将空间装点得非常富有格调。

2.吊顶的木质格栅上点点绿意缠绕，为居室注入春天的气息。

3.居室中环绕了大量的绿萝，为空间中注入了盎然的生机。

4.阳台上的绿植与绿色的格纹桌布，共同营造出一处户外小花园。

5.阳台一角的景观设计搭配墙上的隔板绿植装饰，为阳台营造出清新舒适的景观。

紫色营造出静谧舒适的生活天地

　　神秘的紫色是暖红和冷蓝两种对立色彩交融的产物，散发着雍容、华贵，还夹带着敏感、微妙的情绪。正因为紫色的复杂，因此将它运用于家居设计中，能平衡天真无邪与圆融世故，热情洋溢与微妙淡定。但需要注意的是，紫色调总是显得比本身真实的色彩要暗，仿佛它会吸收光亮。因此，在运用紫色装饰居室时，要保持紫色清透淡雅些，以免造成空间的压迫感。

　　1.客厅的原木家具与浅紫色的墙面涂料，令这个客厅空间透露出一种淡淡的怀旧情怀。

　　2.紫色神秘、华丽、浓郁，与娇美的粉紫色搭配在一起，令客厅具有了娇艳而又华丽的色彩印象。

　　3.紫色板材的沙发背景墙与红、黑色的客厅家具搭配起来活力四射却大方宜人。

　　4.神秘的紫色搭配华丽但不张扬的古铜金，华丽、浓郁而兼具异域风情。

1.紫色的墙面与床品上的紫色碎花，共同为居室带来了神秘优雅的气质。

2.紫色复古花纹的壁纸与紫色的沙发共同将居室打造得极具异域风情。

3.跳跃的深紫色，造型流畅，搭配金边装饰，这款沙发更加强调了客厅空间的奢华感。

4.以紫色为客厅主色，搭配紫红色，以及带有珠光感的灰色，塑造出兼具娇美和华丽的空间氛围。

5.紫色的墙面涂料与黑色系的床品搭配，使空间流露出了一种沉静的美。

1.紫色的墙面、床品及窗帘，共同营造出一个雅致而神秘的卧室空间。

2.以具有女性特点的紫红色做主色，表现女性妩媚、娇美的一面。搭配白色和灰色，融入了整洁感和高雅感。

3.紫色的墙面装饰与床品的色调相协调，让空间充满童真。

4.卧室中运用了大量的紫色，给人神秘、妩媚的感觉。

5.紫色涂料的床头背景墙，虽然没有过多的造型设计，却为卧室增添了一分优雅与跳跃。

1. 以纯度最高的紫色做主墙面的颜色，将卧室的重心定在了墙面上，给人动感。

2. 卧室墙面与床品的深浅紫色对比让空间感并没有想象中的厚重，而是在轻柔中透露出了高雅。

3. 以两种明度的紫红色结合做餐厅主色，具有层次感，同时传达出了浪漫感。

4. 紫粉色与米白色的搭配，让碎花床品有了甜蜜的感觉。

5. 紫色花纹的餐椅令这个紫色的空间显得分外和谐，金黄色的吊顶装饰增加了这个空间的华贵。

家居装修成功运用紫色的法则

在运用紫色妆点家居时，可以在某些区域适当添加白色，这种注入更明亮的色调来搭配紫色的方式，是个提升室内亮度的好方法。另外，也可以选择有闪亮光泽或不同质地的织物来妆点紫色系家居，例如华丽的丝绸、昂贵的天鹅绒，或手工编织、绳绒质地的织物，以增加层次感。此外，可以考虑使用对比色饰品来妆点家居，也不失为一种技巧。例如，在紫色墙壁上，运用深色调的饰品能起到强调作用，混入更鲜明对比的颜色能让效果更好，比如鲜亮的粉红色。

1.茄子紫的沙发非常具有个性，浓烈的大红色靠垫与之搭配，使室内色调更为雅致。

2.紫色和藕色的沙发起到了稳定空间的作用，减弱了整个空间的轻飘感。

3.茶几下紫色印花地毯，为整个餐厅增添了一分优雅的艺术气息。

1.大面积的紫色令居室散发出来自于普罗旺斯的甜蜜气息。

2.沙发的紫色与玫粉色很抢眼，金银两色的中国画则平衡了室内的色彩，实现了中西文化的交融。

3.沙发是较深的紫褐色，为了增加层次感，沙发上选择了浅色系的靠垫。

4.深紫色的沙发散发着低调的性感，点缀蓝色的花纹，缓解了深紫色的深沉感。

5.深紫色沙发搭配红白条纹的抱枕，这样的组合令沙发看起来更加和谐。

1.除了粉色碎花的壁纸墙面外，以紫色为主的床品中加入了闪光元素，空间在古朴中透露着时尚。

2.卧室中的床品为宁静的紫色，令居室仿佛变得沉静起来。

3.床品有真丝般的光泽及手感，雅致的粉紫色全面铺开，散发出香槟般的清醇气息。

4.紫色床品在暖黄灯光的映衬下，更加凸显了妩媚的特征。

1.紫色的丝绸床品非常具有质感，令居室的格调大大提升。

2.金色与紫色的搭配很好地实现了卧室雍容华贵的装饰效果。

3.以紫色和少许白色为主的床品，色彩之间相互融合，让款式简洁的床品也能有丰富的层次。

4.卧室中的紫色靠垫与紫色床品的色彩相协调，令卧室氛围更加和谐。

5.紫色的床幔令空间更显妩媚、生动。

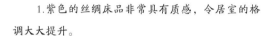

1. 紫色的橱柜与米黄色的墙面相搭配，不仅使紫色更加柔和，而且令厨房多了一种优雅的气质。

2. 飘窗的布艺以条纹的形式展现，紫色与黄色的搭配，将这个清新的卧室打造得格外有活力。

3. 深浅不一的紫色与黄色，在这个房间里营造出了优雅清新的氛围。

4. 具有丝绸般明亮感觉的米黄色床品，与紫藕色的床具及古典大气的墙面相配，呈现欧式的华丽。

5. 卧室中的床品色泽丰富，以纯白、浅绿、淡黄这些色彩营造出春天般的清新氛围，而浅紫色的穿插运用，则为居室增添了妩媚的情愫。

黑白灰无色
经典的家居

时尚、现代的居室主要依赖于无色系的色彩，无色系包括黑色、白色和灰色，最为经典的是黑、白、灰三种色彩搭配的色彩组合，不易过时，充满现代感。抑或以其中一种作为主色，另一种或两种做副色。需要注意的是，以黑色为主色时，如果没有特殊要求，尽量不要大面积地在墙面使用，会让人感觉沉重，可以只用在床头墙的部分。

用白色调呈现大气、通透的现代居室

白色不但是纯洁的象征，更易令人心情愉快，而且在视觉上可以伸展空间，是非常适合小空间的色彩。在这样的空间中，只需随意搭配上几幅装饰画，或几件主人倾心的工艺品，就能轻松地呈现出一个大气、通透的居室。此外，如果用柔和的暖色系灯光配合着白色的素雅，还可以为居室带来暖暖的温馨感。

1. 白色系的空间可以给人带来通透、明亮的视觉效果，却未免会显得单调，不妨加入蓝色来点缀，既不影响居室的整体效果，又丰富了空间的层次。

2. 干净的白色系客厅，带给人通透的视觉效果，银色抱枕的加入，丰富了居室的层次。

3. 白色系的空间中，因花色丰富的抱枕的加入，而令空间更具视觉变化。

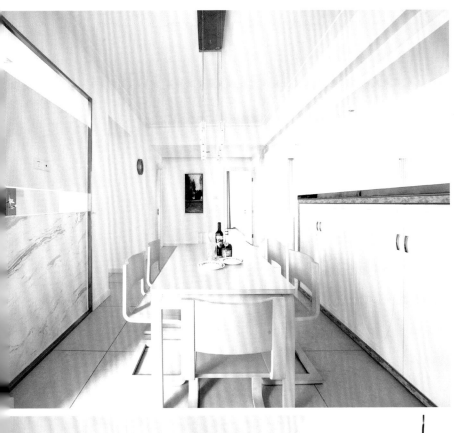

1.净白的餐厅因为浅木色餐桌椅的运用，而呈现出简约却不简单的空间氛围。

2.白色的大面积使用使空间洁净，塑造出了简约所需要的基调。

3.大面积的白色显得洁净但也缺乏舒适感，用仿古砖的地面平衡，使氛围更适合餐厅。

4.白色系的餐厅中，因黑色座椅、绿植，以及红色抱枕及装饰品的运用，而独具格调。

1.厨房的白色系有效地放大了空间，也令厨房显得非常干净。

2.厨房中的白色非常具有容纳力，用此色彩作为主色，充分体现出空间的简约风格。

3.大面积的白色令厨房显得洁净，但却有些单一，用大理石作为橱柜台面材料，为空间增加了更多的色彩。

4.大面积的白色系为空间带来了干净的容颜，而随处搁置的小饰物则为厨房带来了灵动。

5.干净的白色系，仿佛令烹饪时间变得优雅、愉悦起来。

1.白色的卫浴间因鲜艳花束的加入，而呈现出更加美丽的容颜。

2.白色的卫浴间给人以干净、整洁的感觉，而镜面的运用更是扩大了视觉空间。

3.卫浴间进深比较窄，顶面、墙面、地面全部采用白色，扩大了空间感，使视觉上比例更为舒适。

4.白色特别适合用在空间比例存在缺陷的卫浴间内，比如开间或进深窄小、房高低矮等，全部使用白色能够弱化这些缺点。

黑色家居带来工业革命的风采

黑色是百搭的颜色，也是永不过时的经典颜色，当黑色在家居空间运用到极致时，可以令家居环境产生非同寻常的视觉感受。但实际上很多人无法接受用大面积的黑色来装饰自己的家，因为会在视觉上造成缩小感，所以传统的概念是只在需要收缩的区域用上黑色，其他地方则一概不用。但也有一些时尚人士认为，大面积的黑色家居可以带来属于工业革命的风采。

1.黑色的墙面给居室带来与众不同的格调，红灰条纹座椅和沙发上花色不一的抱枕，增添了居室的视觉层次。

2.黑灰色的墙面与黑色沙发塑造出的居室有一种冷峻而带有后现代主义的风格。

3.大面积的黑色表现出冷峻、神秘的一面，软装则采用黄灰色和紫灰色，减轻黑色带来的沉重感。

4.黑色白点的沙发与黑色茶几，共同为居室带来时代感。

1.黑色系的卧室中，运用了灰色的地砖和白色的床品，降低了黑色带来的沉闷感。

2.墙面用明度最低的黑色，重心在中间部分，极具动感。为了避免空间感失调，地面搭配了接近黑色的深灰色，再加入白色，整体呈现出高档、时尚的感觉。

3.在黑色系的居室中，运用镜子做装饰点缀，无形中放大了居室的空间。

4.用接近黑色的深灰色与黑色搭配，在同一个界面上制造出了层次感，更显时尚。

1. 在黑色系的居室中加入诸如蓝色、玫红色等亮色，令卧室的时尚感骤升。

2. 卧室的主色调采用黑色，营造出一种沉稳的氛围。

3. 黑色马赛克瓷砖拼贴成的厨房墙面，避免了纯黑色带来的沉闷感，与木色橱柜相搭配，为居室注入一丝温暖感。

4. 黑色系的橱柜搭配灰色系的台面，令厨房彰显出时代的气息。

1.黑色系的卫浴极具现代感,有种后工业革命的风潮。

2.在黑色的壁砖中加入黄色的纹理,令视觉效果更加丰富。

3.黑色的壁砖与地砖,令卫浴空间彰显出整洁、大气的时代气息。

打造成功的灰色系家居法则

灰色具有强烈的人工痕迹，组合使用的灰色给人精致、有序、高效的感觉，用来展现时尚和现代最为恰当。但需要注意的是，虽然灰色调的设计能给人以高雅的感觉，但过多使用却容易给人压抑和沉闷的感觉。因此，不妨在灰色组合中加入柔和的米色做点缀，具有高质量的感觉；或者在配色中加入茶色系，更可以增添厚重、时尚的氛围。

1.灰色的条纹壁纸令空间更具延展感，同时呈现出低调、雅致的居室氛围。

2.灰色具有绅士、睿智、有档次的感觉，用它作为客厅的主色，充分彰显都市氛围。

3.带有纸质纹理的灰色壁纸将居室打造得格调十足。

1.餐厅中采用不同明度的灰色来塑造，灰白色的墙面为空间奠定了清爽、干净的基调，深灰色系的餐桌椅则增强了餐厅的稳定感。

2.米灰色用于餐厅墙面，表现一种温和的、雅致的整体氛围。

3.餐厅的灰白墙面令空间显得雅致，又避免了纯灰色带来的沉闷感。

4.抑制的灰色，具有强烈的人工感，是具有代表性的都市色彩，搭配上温暖的茶色和纯净的白色，散发出具有质量感的都市生活气息。

1.灰色大花壁纸起到了扩张空间的作用，也令卧室彰显出干净的容颜。

2.大面积的灰色容易让人觉得沉闷，用厚重的色彩和纯色的色彩进行点缀，活跃了空间的层次。

3.卧室在灰色组合中加入柔和的米色做点缀，具有高质量的感觉。

4.卧室中使用加入了一些黄色的灰色搭配米灰色做背景色，配色方式具有动感，而色彩本身带有沧桑感。

5.米灰色带有一点暖色的特征，为卧室增添了一点柔和感和轻松感。

1.灰白色系的厨房墙面将空间营造得非常干净整洁。

2.灰色系的厨房墙面与白色的整体橱柜相搭配，为空间打造出干净的容颜。

3.灰色条纹PVC壁纸令卫浴间呈现出具有质量感的生活氛围。

4.卫浴以冷灰色为主色，展现出现代、时尚而又具有人情味的卫浴空间。

黑白经典配，成就居室特有魅力

　　沉稳的黑色和纯净的白色相搭配构成永恒的经典，也为空间创造出时尚而现代的气质。在居室中运用黑白搭配的手法，不仅可以令空间显得整洁有序，而且通过这种深浅的变化，也能让居室展现出独有的魅力。此外，也可以在对比鲜明的两种色块中揉合一点中性的灰色进去，减弱了色彩的纯度，让这种对比显得更为温和。

　　1.客厅用色为经典的黑白色，空间墙面为白色，主体沙发、家具为黑色，软装黑白搭配，用色配比非常和谐。

　　2.黑白灰三色壁纸的运用，将客厅打造得非常具有现代感。

　　3.客厅墙面采用黑白两色，沙发选用了灰色系，整个居室的色调搭配非常和谐。

1.黑白灰三色搭配出的居室体现出简约的设计理念，符合现代人的审美要求。

2.客厅的配色基本遵循黑白色调家居的理想搭配比例，而米色系的墙纸为空间带来更加典雅的气息。

3.客厅用色以黑白两色为主，将空间营造得十分经典。

4.以无色系中的灰色及白色为主要部分，大面积的使用塑造清冷的都市形象，加入黑色来强化这一主题氛围。

1.卧室墙面采用黑白两色，并运用同色系的纱帘来进行点缀，整个空间唯美而浪漫。

2.黑白灰三色壁纸将卧室空间加以延展，黑色睡床与白色床品令空间彰显出经典的气质。

3.黑色的墙面加白色的睡床，令卧室空间独具时尚感，黑白相间的地毯则丰富了居室表情。

4.卧室空间的用色采用了经典的黑白灰三色搭配，并运用木色地板来丰富居室的层次。

1.白色的地砖与黑色的橱柜成为经典配色，加上灰色的墙面，整个空间简约而不简单。

2.厨房的配色为经典的黑白灰三色，台面上的紫色植物为居室增添了生活气息。

3.黑白两色的卫浴呈现出高贵典雅的居室氛围。

4.卫浴间面积不大，以白色和浅灰色结合大面积使用，用黑色和少量的古铜金做点缀，塑造出具有低调华丽感的都市气质。

黑白色居室应避免等比运用

黑白配的房间很有现代感，因此成为时尚人士的首选。但如果在房间内把黑白两色等比使用，不但达不到预期效果，反而会显得过于花哨，长时间在这样的居室中，会令人眼花缭乱，从而产生紧张、烦躁、无所适从的情绪。因此，在为居室做配色时，最好以白色为主，局部采用黑色作为辅助点缀，不仅可以令空间变得明亮舒畅，同时兼具品位与趣味。

1.白色系的客厅中，加入黑色元素的点缀，令居室独具品位。

2.客厅背景墙墙面为白色，家具为黑色，配色经典，而又不显花哨。

3.白色令空间看起来干净、明亮，黑白灰色的沙发抱枕令空间色彩更具跳跃性。

1.白色系的客厅中，因黑色沙发的加入，而更具层次感。

2.白色墙壁及沙发为空间的主体色，黑色的地毯与特色的墙面设计，令空间更显格调。

3.富有格调的白色系客厅中，软装运用黑色沙发，令居室兼具品位与格调。

4.大面积白色的空间中，因黑色的沙发、窗帘，而呈现出稳重的感觉。

1.黑白色彩搭配相得益彰，共同成就出一个素洁、典雅的客厅空间。

2.空间大面积为白色调，仅用沙发上黑色的靠垫及黑白相间的地毯，为空间带来色彩上的变化。

3.白色系的空间中，加入独立的黑色沙发和若干黑色抱枕，增加了空间的稳定性。

1.白色的过道中，因为采用了黑灰相间的地面，而令空间显得不至于过于轻飘。

2.厨房运用了黑色的墙面和顶面，整体橱柜则采用白色，黑白分明，又避免了空间过于花哨。

3.卫浴运用了黑白马赛克拼贴出梦露的头像，令空间显得时尚而富有个性。

4.经典的色彩组合出现在了墙面和地面上，占据了卧室的大面积空间，时尚而又充满刚毅感。

巧用无色系搭配其他色系成就理想美宅

无色系家居可以带给人干净、时尚的视觉感受，但如果单独使用，却容易产生过于单调的弊端，因此合理地运用无色系搭配其他色系，更加容易塑造出理想美宅。如无色系组合中加入冷色系，可以使人感觉文雅、幽静；加入明亮的暖色系，可以增加活力；加入暗沉的暖色，则可以增添沉稳、复古的感觉。

1.灰色和白色组合成的无色系家居空间中，运用木色地板来增加了居室的温暖度。

2.以无色系的白色做主色，塑造了一个具有融合力的基础，用蓝色及橙色、黄色、红色之间的强烈对比感营造出活跃感。

3.无色系的家居空间中，因为色彩的合理搭配，而呈现出独具品位的氛围。

1.餐厅用白色做主色，之后用绿色的餐椅来为居室增加层次与美感。

2.白色餐桌是背景色，搭配浅米灰色的桌旗，形成微弱的层次感，避免白色过于单调。

3.用黑、白组合以外的色彩也能够塑造具有简约感的餐厅，暖灰色用在家具和地面上，加以蓝绿色做点缀，舒适而高雅。

4.以白色为餐厅的主色，营造纯洁、宽敞的整体氛围，点缀以淡雅的蓝色、粉色以及紫红色，凸显出浪漫、梦幻的氛围。

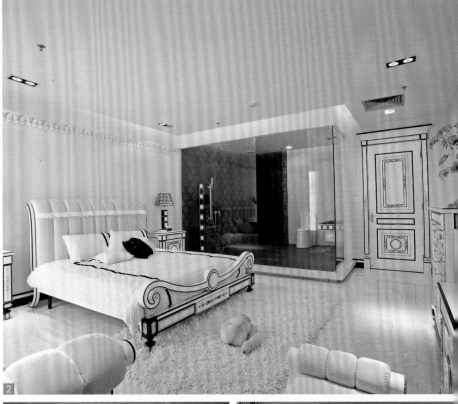

1.女儿房中整体色调采用无彩系，运用粉色和绿色的软装来增加居室的梦幻、唯美效果。

2.无彩系的卧室空间中，因为加入了淡黄色系，而具有了丰富的层次感。

3.卧室空间的用色看似简单，却搭配合理，粉灰色的墙面避免了单调，黑色的加入增加了居室的稳定性。

4.卫浴空间运用了不同类型的大理石砖来进行塑造，呈现出典雅的气质。

5.灰、白、黑的组合占据空间最大的面积，塑造都市感的基调，搭配一些暖色，增添厚重感和生活气息。

棕色调自然
沉稳的家居

棕色是象征着树木与土地的颜色，代表着经典与自然。棕系色调可以令家居环境看上去更加宽敞，也为家居环境提供了安全性和舒适性。需要注意的是，以棕色系装扮家居时，不宜过深。此外，根据棕色系颜色明亮度与新鲜度的不同，按照深浅同色系的方式来进行家居搭配也是极奏效的方法。如能灵活运用到盆栽或是花、树等素材，亦可营造出更为安定、祥和的私人空间。

利用棕色系打造中式风格的居室

中式风格的居室中，家具材质大多为厚重的实木，一般以明清家具为主，这类家具的色泽往往较深，并以富含古典韵味的棕色系居多，令人强烈地感受传统的历史痕迹与浑厚的文化底蕴。此外，在中式风格的家居中，棕色系也往往体现在墙面设计中，无论是棕色系的壁纸，还是乳胶漆墙面，都能令中式家居复古氛围得到淋漓尽致的展现。

1.客厅中采用了棕色的护墙板和花纹壁纸，令居室的中式氛围更加浓郁。

2.棕色的饰面板与青灰色的墙砖搭配，令电视墙更具中式格调。

3.深棕色墙面上方的射灯令墙面色彩不再沉闷，让空间焕发出优雅活力的一面。

1.棕色系的复古木质雕刻家具与嫩黄色的墙面相互协调，令客厅呈现一种既现代又传统的独特氛围。

2.客厅中因为棕色木质家具元素，而为空间营造出一种自然优雅的氛围。

3.棕红色的木质沙发及茶几搭配黄灰色、浅驼色的软装饰，古典气质油然而生。

4.棕色直线条沙发符合现代人的审美需求，打造出了富有传统韵味的客厅空间。

1.古典中式风格的餐桌椅非常有特色，即使搭配单调的白色墙面，也能构筑一处古朴、雅致却不失温馨的就餐环境。

2.餐厅采用棕色护墙板来作为主色调，餐桌椅运用了棕红色，不同明度的棕色系令居室更具层次。

3.书房中的棕色雕花书桌椅造型极为讲究，带给人端庄典雅的感受，具有浓厚的文化气息。

4.略微偏红棕的书桌椅，其优雅简洁的造型设计，让书房有了一种怀旧的浪漫情怀。

1.棕红色地面呼应古典的主题，对比墙面沉稳的色调，使空间感更舒适。

2.奢华尊贵的书柜与书桌椅，令整个书房都散发着高贵的气质。其自然的棕色调更使空间显得成熟稳重。

3.优雅的棕色木质厨房，其自然的色调令空间多了几分韵味。

4.米黄色的书架与深棕色的木质书桌椅相搭配，为书房营造出一种舒适、祥和的空间氛围。

利用棕色系打造欧式风格的居室

在欧式古典风格的居室中，棕色系也是较为常见的配色。因为棕色系可以吸收任何颜色的光线，同时也是一种富有高贵气质的色彩，与欧式家居的典雅、大气的格调不谋而合。在欧式风格的家居中，棕色系几乎可以在任何地方使用，除了实木家具通常是棕色，墙面常常使用的壁纸和护墙板也大多为棕色，此外，仿古地砖也是欧式风格家居常用的材料，而这种材料的色泽大多以棕黄色系为主。

1.客厅中的地板和家具都采用了红棕色，整个居室极具欧式古典气息。

2.棕色调的客厅空间带给人浓郁的欧式古典氛围，极具韵味。

3.棕色系的欧式沙发尽显奢华与高贵，再搭配上精致的米色地毯，将整个客厅渲染得格外华美。

4.电视背景墙以黑色大理石、米色壁纸与棕红色板材相协调搭配，令客厅展现出了迷人的空间氛围。

1.棕色系的家具和黄色系墙面搭配得相得益彰，将欧式的华贵感表达得淋漓尽致。

2.棕色的护墙板为卧室奠定了古典、质朴的基调，风景油画的运用增添了空间的亮度。

3.棕色系的卧室给人带来浓郁的古典气息，红色的花纹沙发为居室带来一抹亮色。

4.卧室中的床具、靠垫与床头墙面装饰都为棕色系，使空间有了整体统一感，并利用深浅棕色的搭配令卧室充满了怀旧氛围。

1.棕红色的木质厨房与深棕色的餐桌椅相互协调，材质的统一令整个空间更加具有和谐氛围。

2.卫浴的柜子采用棕色系，在灯光的照映下，极具古典气息。

3.三角的棕色地面装饰砖，为卫浴增加了欢快的感觉，让空间摆脱死板，焕发光彩。

4.复古的棕红色装饰柜与古典装饰物明确了空间的整体风格，点缀翠绿的植物，令空间多了丝清新与自然。

5.棕色的复古砖、棕色窗帘及棕色的沙发，为居室带来浓郁的欧式古典气息。

1.白色石膏吊顶与米棕色的地砖相协调，为过道空间营造出了一种和谐、整体的感觉。

2.棕色的壁炉与座椅，很好地展现出居室的独特风情。

3.白色与深棕色相搭配的大理石地面，为整体打造出一种冷色调的怀旧风。

4.棕色调的碎花壁纸，为过道打造出了自然简约、优雅怀旧的空间氛围。

利用棕色系打造美式乡村风格的居室

棕色系是处于红色和黄色之间的一种颜色，常被联想到泥土、自然、简朴，因此被广泛地运用于美式乡村风格的家居中。美式乡村风格摒弃了繁琐和豪华，以舒适为向导，强调回归自然，家具颜色多为仿旧漆，色彩大多为棕色系。此外，棕色系还会给人带来安全感，有益于健康。

1.棕色的实木吊顶与家具，令客厅散发出浓郁的美式乡村气息。

2.棕红色的壁砖令居室散发出一股来自自然的气息，极具乡村风味。

3.棕色系的地板与家具，令客厅的美式乡村气息浓郁。

1.餐厅中的软装基本上都运用了棕色系，令空间氛围呈现出美式乡村的自然感。

2.餐厅中红棕色的墙面，令空间的户外气息浓郁，体现出美式乡村风格的质朴。

3.居室中墙面采用黄灰色系，其他部分采用棕色系，色彩的搭配将空间的美式乡村风格体现得恰到好处。

4.用石材装饰客餐厅之间的墙面，搭配棕色的餐桌椅与碎花沙发，令整体空间有种野性的魅力。

1. 浅棕色系的地面砖和墙面为空间奠定了复古基调，深棕色系的家具增添了空间的层次。

2. 棕色系的空间中，运用了大幅的油画来做装饰，令餐厅的乡村气息更加浓郁。

3. 不同纯度棕色系的运用，令空间更具层次，且极具美式乡村气息。

4. 棕色橱柜与米色的大理石台面相搭配，令厨房空间氛围整洁、优美。

1.厨房墙面深浅不同的棕色系为这个空间增添了层次感。

2.浅棕色的整体橱柜与自然纹理的大理石台面相搭配，将厨房空间打造成一个整体，使得空间温馨柔和。

3.深棕色的橱柜与浅棕色的墙面瓷砖搭配，令这个厨房具有十足的亲和力。

4.棕色系的复古装饰柜体现出美式乡村风格追求粗犷家具的精髓。

5.棕色系的书房体现出一种沉稳、质朴的基调，同时令美式乡村风格的自然气息得到了很好的展现。

利用棕色系打造富有异域风情的东南亚家居

东南亚风格的居室一般会给人带来热情奔放的感觉，这一点主要是通过室内大胆的用色来体现。除了缤纷的色彩，棕色系以其拙朴、自然的姿态成为追求天然的东南亚风格的最佳配色方案。不论以浅棕色的实木家具搭配深色木硬装，或反之用深棕色来组合浅棕色，都可以令家居呈现出浓郁的自然风情。

1.棕色调的客厅中大量采用了木材来做装饰，体现出东南亚风格追求自然的特征。

2.居室的墙面采用了棕色的饰面板，与棕色系的家具一起将东南亚的气息展现出来。

3.棕色系的居室因为广泛运用了热带花卉图案，而呈现出浓郁的东南亚气息。

1.棕色系木材的广泛运用，为客厅奠定了东南亚风格的基调，白色、红色和黑色的点缀运用，丰富了空间的视觉效果。

2.棕色系的居室中，散发出来自于东南亚的自然气息。

3.东南亚风格的客厅中广泛运用了棕色木材，令空间的自然气息浓郁。

4.浅棕色的沙发背景墙令客厅空间有了中间色，很好地平衡了沙发与茶几之间的色彩反差。

1.餐厅中的地面、家具及窗帘都运用了棕色，深浅不一的色调，增加了空间的层次。

2.棕色系的餐厅空间中，因为绿植的加入，而呈现出别样的生机。

3.浅棕色墙面与深棕色的餐桌椅搭配得恰到好处，令空间更加富有层次。

4.棕色系的卧室空间有一种沉稳的气质，木材的广泛运用则将东南亚风情尽数展现。

1.棕色系的过道大量地运用了木材，将东南亚的自然风情体现得淋漓尽致。

2.棕色系的过道中，因为荷花图案的加入，而呈现出自然界中的美感。

3.棕色令过道小空间呈现出温暖的气质，佛像装饰画则为过道增加了禅意。

4.棕色系的书房显得非常沉静，适合空间的诉求，红色小象的加入则增添了居室的趣味。

利用棕色系塑造具有沧桑感的老人房

老人房的配色需要体现老人的性格特点，他们通常历经沧桑，喜欢回忆以前的经历，喜欢具有安稳感氛围的空间，不喜欢过于艳丽、跳跃的主色。暗沉的、浓郁的棕色系可以表现出温暖而又沉稳、具有经历和内涵的氛围。其中，以棕色系为配色中心，搭配白色可以显得轻快一些，搭配少量冷色做点缀，可显得具有格调。此外，在使用暗沉的棕色系时，可将重色放在墙面上，制造动感，避免过于沉闷。

1.红棕色系的卧室古朴气息浓郁，适合老年人居住。

2.深棕色、深紫色分布于窗帘和靠枕上，丰富了主体层次，为所在部分增添重量感。

3.卧室中的四柱床外观典雅，浅棕的色调更为卧室增添了古典优雅感，如历史沉积下来的珍宝般让人着迷。

1.棕色调的卧室有着一种沉静的气息，为老年人的睡眠提供了保障。

2.古朴的棕色欧式家具令空间显得非常稳重，适合老年人的性格特点。

3.棕色调的老人房因为花纹壁纸和抱枕的运用，而呈现出富有生机的一面。

4.棕色系的卧室古朴、典雅，适合知识层次较高的老年人居住。

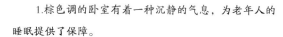

1.棕色调的卧室空间沉静而典雅，体现出一种岁月沉淀下来的内涵。

2.棕色调的卧室空间非常适合老年人居住，有着沉静的基调。

3.金棕色窗帘搭配黄色印花壁纸，为卧室带来蓬勃的生机感。

4.深棕色与暗沉的蓝绿色组合用在家具部分，厚重而典雅。

五彩色绚烂
活力的家居

家的装饰中，琳琅满目的配饰并不是高明之举，举重若轻、色彩的巧妙运用才是高段位的装饰手法。五彩缤纷的色彩可以带给人时尚、活泼、绚丽等视觉感受，将炫彩色运用于家装设计中，可增加视觉的层次，将美感引入空间，让家呈现年轻鲜活、甜蜜宜人的质感。而对于家居设计中的"彩妆控"，用炫彩色调勾勒轮廓，再增加一些临时性的装饰，空间的甜蜜感则毫不遮掩地入住室内。

炫彩家居也应避免混乱

多种颜色的搭配能够使空间看起来活泼绚丽，但若搭配不恰当，反而会破坏整体配色效果。不妨将颜色明度和纯度的差异缩小，这样就能避免混乱的现象。除此之外，还可以控制色彩的主次位置来避免混乱，要注意控制配角色的占有比例，以强化主角，主题就会更加突出，而不至于主次不清，显得混乱。

1.红色与黄色为主调的客厅中，不宜再用过多的颜色来进行点缀，因此，居室中只在小范围内运用了点缀色，整个客厅绚丽而不杂乱。

2.金色印花的沙发与茶几的色调协调一致，令客厅尽显雍容华贵的气质，而粉色的墙面又为空间增添了柔美感。

3.客厅中的红色作为主色，为空间带来活力，再搭配具有鲜明色彩的座椅，加上绿植的点缀，让整个居室仿佛是世外桃源一般。

4.客厅墙面采用橘红色来装饰，沙发运用了紫色系，整体氛围极具异域风情，又不过于花哨。

1.整个客厅的主色调为暖色调，再搭配两张深蓝色的坐椅，在为空间带来一份清爽的同时，也使客厅更加有层次感。

2.土红色的条纹沙发与室内绿色的装饰及室外的绿植相对比，形成了一个春意盎然的客厅空间氛围，又不显杂乱。

3.面积不大的客厅为了增加视觉效果，可以适当地选取一些具有华丽质感的靠垫，缤纷的色彩能很好地体现主人的热情好客。

4.同样属于暖色调的暗红色与米黄色沙发组合在一起，既统一又不乏对比，丰富了空间效果。

1.餐厅中的用色虽然丰富,却不显杂乱,这取决于不同色调的和谐搭配。

2.餐厅中的色彩丰富,却主次分明,增加了空间层次的同时,也令餐厅更加美观。

3.彩虹色调的条纹壁纸对于餐厅的墙面、顶面装饰来说非常适合;热情、动感的色彩能够很好地促进食欲,增强食物的美感。

4.整体餐厅流淌着田园气息,淡黄色与深棕色的餐椅相配,再加上蓝黄色格子的桌布,令空间一派悠闲风情。

5.桌面上精致的绿色花朵,与背景墙上所绘的大自然牧场相衬,形成很好的互动搭配。

1.卧室墙面装饰了粉、蓝、绿色调等活力色彩，床上用品自然也不能太单调，选用红色系可以令空间氛围更整体。

2.厨房的中性色较少，而明度较高的色彩如淡黄、浅蓝等所占比例较大，这些颜色能够刺激食欲，与玫红等跳跃颜色的橱柜能起到对比搭配作用。

3.黑、灰、红与黄的搭配不仅能流露明朗温暖的味道，更有几分浪漫的艺术感。

4.卫浴为避免冰冷感，因此加入橘红色的布艺、毛巾等装饰，令空间活跃起来，又不显杂乱。

摩登撞色令室内时尚指数迅速攀升

撞色是指对比色搭配，包括强烈色配合或者补色配合。强烈色配合指两个相隔较远的颜色相配，如：黄色与紫色，红色与青绿色，这种配色比较强烈；补色配合指两个相对的颜色的配合，如：红与绿，青与橙等。在家居设计中，硬装部分的墙面配色，软装配饰的后期配色都是撞色出现的好时机。精彩的撞色家居能活泼空间氛围，提升室内个性时尚指数，更是屋主不拘平常个性的最好表达。

1.橘红色墙面与青绿色的沙发形成的撞色效果，令客厅时尚感十足。

2.客厅中大量采用了红绿对比色，整个空间充满艺术气息。

3.桃红色的窗帘与绿色墙面形成色彩上的强烈对比，将客厅塑造得独具个性。

1.绿色与红棕色的对比运用，将居室打造得非常潮流化。

2.黑色与红色的撞色使用，将客厅营造得时尚感十足。

3.地毯中心的红色与茶几上的苹果相呼应，为这个黑白两色为主的空间增添了热情与活力。

4.客厅中运用深蓝色和桃红色来塑造，呈现出让人眼前一亮的视觉效果。

1.餐厅的窗帘以紫红色为主色调，采用对称原则，再配上金花图案，立刻使餐厅高贵起来，而黑色的运用则令餐厅呈现出独特的品位。

2.酒红色墙面与蓝色餐椅及窗帘形成撞色效果，令餐厅的视觉效果更加强烈。

3.红色大花壁纸与绿色餐椅的结合运用令居室的视觉效果更加浓烈，同时也体现出巴洛克风格餐厅的华贵与时尚。

4.大面积的绿色墙面作为主色，红色窗帘作为点缀，这样的撞色效果令餐厅具有了独特的格调。

1.卧室墙面运用墨绿色，床品则选用了红色系，这样对比色的运用提升了空间的时尚指数。

2.红色与绿色床品的搭配运用，将卧室的时尚感大大提升。

3.厨房运用了红、黄、绿三种色彩，非常炫彩，且个性十足。

4.不同亮度的绿色马赛克瓷砖将卫浴塑造得非常具有个性，加入红色与黄色洗手台及镜框来装饰，更为空间注入了时尚气息。

5.卫浴中的玫红色纱帘很好地起到了分隔空间的作用，也与绿色马赛克墙面形成了很好的撞色效果。

糖果色为居室玩一把最 IN 的炫彩时尚

糖果色以粉色、粉蓝色、粉绿色、粉黄色、明艳紫、柠檬黄、宝石蓝和芥末绿等甜蜜的女性色彩为主色调，就像儿时收集的糖纸。这类色彩以其香甜的基调带给人清新的感受，住在这样糖果色的家居里，仿佛心情都会变得舒畅。在糖果色的家居中可以大胆使用明亮而激情的撞色，同时学会运用白色来加以调和，令整个氛围既热情又不会太过。

1.带有黄色倾向的苹果绿兼具了黄色和绿色的优点，明亮的色调令客厅的活力十足。

2.绿色中调入了黄色，与黄色融合更为融洽，降低了对比感，令客厅呈现出浪漫的氛围。

3.客厅中柔和明亮的黄绿色充满梦幻感，给人一种童话般的感觉。

4.客厅以粉色为主，搭配明亮的果绿色塑造空间甜美、浪漫基调，高纯度的绿色与紫红色做点缀使用，以重复性进一步强化主体配色的形式。

1.果绿色的沙发与玫红色的墙面将居室色彩打造得非常丰富，同时具有时尚感。

2.粉蓝色的沙发成为居室中的视觉焦点，不同色彩的抱枕更是为其赢得了更多的目光。

3.客厅中运用丰富的糖果色来为居室营造出时尚而靓丽的容颜。

4.在粉色为主的空间中，加入淡雅明亮的蓝色和中调的绿色，能够塑造出童话般天真、醇美让人向往的氛围。

5.这个居室墙面运用了大量的粉色，显得空间粉嫩十足，竖条纹图案则增加居室高度感。

1.在这个纯白无垢的餐厅中，桌面上色彩斑斓的饰品为这里带来了清新活力。

2.丰富的糖果色令餐厅呈现出甜美的气息。

3.白色调的餐厅中，采用了糖果色缭绕的地毯来做点缀，丰富了居室的视觉效果。

4.粉蓝色墙面与橘粉色餐桌，将餐厅氛围塑造得异常甜美。

1.运用饱和度和明度都较高的黄色与红色,营造出一个活力无限的卫浴空间。

2.厨房中的柠檬黄与苹果绿将空间营造得非常活泼,也增强了居室的视觉效果。

3.粉蓝色墙面、白色家具地板以及轻柔的粉色窗帘,为卧室营造出了清新纯美的空间感。

4.柠檬黄与苹果绿搭配的卫浴空间显得童趣十足。

5.粉蓝色和粉红色运用于卧室中,呈现出甜蜜、纯美的气息。

炫彩色在儿童房中的广泛运用

炫彩色搭配在儿童房中的运用非常广泛，因为根据儿童的性格、心理特征，一般要求房间色彩要鲜亮。活泼、艳丽的色彩有助于塑造儿童开朗健康的心态，还能改善室内亮度，形成明朗亲切的室内环境。儿童房一般可选用优雅、快乐的明黄色，健康、活泼的淡绿色，纯净、明朗的淡蓝色，优美、动人的浅紫色，也可以根据小孩子比较喜欢的颜色来进行多色搭配。

1.儿童房中的用色非常丰富，营造出活泼的空间氛围。

2.绿色与黄色搭配出的儿童房，鲜亮而艳丽，适合孩子的性格特征。

3.绿格子窗帘与绿色的墙面搭配得恰到好处，为儿童房塑造出自然的基调；色泽鲜艳的壁纸和床品则丰富了空间的表情。

4.绿色的墙面、仿古地砖及造型感极强的窗户，为儿童房打造出浓郁的田园氛围。

1.儿童房中运用浅绿色的乳胶漆来涂刷墙面，令空间焕发出生机，也体现出儿童的朝气。

2.以绿色为主色、黄色为辅色的儿童房中，同时运用了众多的卡通元素，童趣十足。

3.绿色系的儿童房中加入了花色繁多的床品，而呈现出更加丰富的视觉效果。

4.色彩丰富的儿童房可以很好地培养孩子开朗的性格，同时兼具美观效果。

1.儿童房的用色十分丰富，桃粉色令空间极具甜美气息。

2.红色的墙面、绿色的窗帘、黄色的地毯，共同为空间营造出靓丽的容颜，墙面上搁物架的设置既丰富了墙面的表情，也起到了很好的收纳功能。

3.空间的用色丰富而富有暖意，令儿童房呈现既温馨又具有童趣的效果。

4.儿童房中丰富的色彩令空间显得生动、活泼。

1.儿童房中运用红色、棕色、灰色等暖冷色调搭配的条纹壁纸来塑造，凸显了孩子热爱丰富色彩的本性。

2.女儿房中粉紫色的床品仿若女孩儿平时穿的公主裙般美丽。

3.女儿房中的色彩十分唯美、浪漫，有助于孩子的身心健康。

4.浅黄、天蓝和粉色交织运用塑造出的墙面，丰富了空间的表情；居室中花朵图案的运用为空间带来了甜美的容颜。

5.空间中的家具不多，但仅仅是色彩鲜艳的床品就为儿童房带来十足的美感。

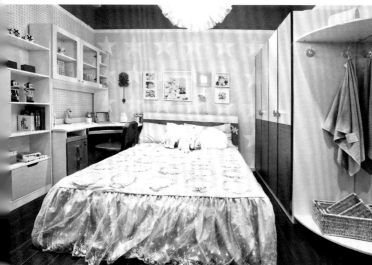

1.五彩色的床品为粉色系的儿童房更添丰富的视觉效果。

2.儿童房中卧室背景墙的色彩十分丰富，搭配同样色彩丰富的床品，整体配色富有层次又不显杂乱。

3.以白色为基调的儿童房中，因为加入了炫彩色的软装，而呈现出更加生动、活泼的容颜。

4.色彩鲜艳的床品与同样丰富色彩的手绘墙，共同为儿童房带来活泼而富有童趣的空间效果。